T/CAGHP 057—2019

目　次

前言	Ⅲ
1 范围	1
2 规范性引用文件	1
3 术语和定义	1
4 基本规定	3
5 施工准备	4
5.1 技术准备	4
5.2 设备准备	4
5.3 材料准备	4
5.4 场地准备	4
6 地表排水工程	4
6.1 一般规定	4
6.2 截(排)水沟	5
6.3 排水管	6
7 地下排水工程	7
7.1 一般规定	7
7.2 排水竖井	8
7.3 排水隧洞(廊道)	10
7.4 排水孔	13
7.5 排水盲沟	14
8 监测工程	16
8.1 一般规定	16
8.2 地下水位观测孔	16
8.3 倾斜仪监测孔	16
8.4 排水流量观测堰	18
8.5 监测墩	18
8.6 排水工程设施变形与应力监测	18
9 排水工程维护	19
9.1 一般规定	19
9.2 维护要求	19
10 施工安全与环境保护	19
10.1 一般规定	19
10.2 文明施工	20
10.3 应急施工	20
10.4 冬雨季施工	20

10.5	施工安全	20
10.6	环境保护	22
11	竣工验收	22
11.1	一般规定	22
11.2	工程竣工验收资料	22
11.3	验收鉴定书	23
附录A（规范性附录） 施工验收记录表		24

前言

本规程按照 GB/T 1.1—2009《标准化工作导则 第 1 部分:标准的结构和编写》给出的规则起草。

本规程附录 A 为规范性附录。

本规程由中国地质灾害防治工程协会(CAGHP)提出并归口。

本规程由湖北省国土资源厅和湖北省地质局牵头组织。

本规程牵头起草单位:湖北省地质局水文地质工程地质大队。

本规程主要起草单位:湖北省城市地质工程院、武汉地质工程勘察院、中国地质大学(武汉)、中国电力工程顾问集团中南电力设计院有限公司、湖北省鄂西地质工程勘察院。

本规程主要起草人:张华庆、杨宜军、聂邦亮、田正国、王水华、吴礼生、帅红岩、田野、王兵、王继坤、唐辉明、章广成、周毅、杨俊波、董治军、叶静风、肖春锦、张良发。

本规程由中国地质灾害防治工程协会负责解释。

地质灾害防治排水工程施工技术规程(试行)

1 范围

本规程规定了地质灾害排水治理工程施工工序及技术要求。
本规程适用于地质灾害排水治理工程施工。

2 规范性引用文件

下列文件对于本规程的应用是必不可少的。凡是注明日期的引用文件,仅所注日期的版本适用于本规程。凡是不注明日期的引用文件,其最新版本(包括所有的修改单)适用于本规程。

GB 6722　爆破安全规程
GB/T 9808　钻探用无缝钢管
GB 50086　岩土锚杆与喷射混凝土支护工程技术规范
GB 50202　建筑地基工程施工质量验收标准
GB 50204　混凝土结构工程施工质量验收规范
GB 50434　开发建设项目水土流失防治标准
GB 50666　混凝土结构工程施工规范
GB/T 50502　建筑施工组织设计规范
DZ/T 0219　滑坡防治工程设计与施工技术规范
DZ/T 0148　水文水井地质钻探规程
JGJ 18　钢筋焊接及验收规程
JGJ 107　钢筋机械连接技术规程
JGJ 52　普通混凝土用砂、石质量及检验方法标准(附条文说明)
JGJ 46　施工现场临时用电安全技术规范(附条文说明)

3 术语和定义

下列术语和定义适用于本规程。

3.1

地质灾害防治排水工程 drainage engineering in the prevention of geohazards

用于防治地质灾害的地表排水和地下排水工程,包括设于地表的截水、排水与防渗工程和修建于地下的汇集、输导并排泄水流的工程。

3.2

地表排水工程 surface drainage engineering

地表排水工程包括地质灾害体及影响地质灾害体范围内的截水、排水与防渗工程,常见类型有排水沟、截水沟、排水管(涵)等。

3.3
排水沟 drainage ditch

位于防治地质灾害体上的地表排水系统,用于排泄由降水、泉水等转化的坡面水流或由截水沟所排出的水流。

3.4
截水沟 intercepting ditch

为拦截流向防治地质灾害体内的地表水流而在其山坡上部设置的地表排水工程。

3.5
排水管(涵) drainage pipe

埋置在地面以下、用以输导和排出水流的混凝土或钢筋混凝土构筑物,截面为圆形的称为管,截面为方形的称为涵。

3.6
跌水 hydraulic drop

将排水沟沟底设置呈阶梯形结构,用于减缓高落差水流冲刷力的消能设施。

3.7
沉砂池 desilting basin, grit chamber

去除水中自重很大、能自然沉降的较大粒径砂粒或杂粒的水池。

3.8
地下排水工程 sub-surface drainage engineering

在防治地质灾害体主体内修建于地面以下,用以汇集、疏导和排出地下水流的工程设施,常见类型有排水竖井、排水隧洞(廊道)、排水孔盲沟(支撑盲沟)等。

3.9
排水竖井 drainage vertical well

埋置于地面以下的、洞壁直立的井状排水管道。

3.10
排水隧洞 drainage tunnel

在地下岩土体中开挖修筑的用以汇集、疏导和排出地下水流的洞形构筑物。

3.11
排水廊道 drainage gallery

汇集和排出坡体内或坡面上排水沟的渗水及水流的通道。

3.12
排水孔 drainage hole

将地质灾害体中的地下水导流并排出的小口径钻孔。

3.13
盲沟 French drain, blind ditch

埋置于地质灾害体地面以下,汇集和排除地下水的沟状构筑物。

3.14
支撑盲沟 support the blind ditch

埋置于地质灾害体坡脚地面以下,汇集和排除地下水并稳定坡脚的沟状构筑物。

3.15
排水石笼 drainage stone cage

修建于地质灾害体坡脚地面以下的格宾石笼,具有支撑坡体及排出地下水的支挡构筑物。

3.16
施工组织设计 planning and programming of project construction

施工组织设计是根据设计图纸及其他有关资料和现场施工条件编制的施工组织方案,对拟建工程在人力和物力、时间和空间、技术和组织、风险管理和应急等方面所作的全面、合理的安排,用来指导施工项目全过程各项活动的技术、经济和组织的综合性文件。

3.17
技术交底 technical clarification

结合设计和现行的有关国家标准、规范,由项目技术负责人向参与施工的人员进行的技术性说明,使施工人员较详细了解工程特点、施工方法与措施、质量等技术要求。

3.18
施工准备 construction preparation

施工准备包括技术准备、劳动组织准备、施工物资准备、施工现场准备、冬雨季施工准备等。

3.19
水磨钻开挖 saw blades drill excavation

为保护竖井周围既有建构筑物安全,在竖井基岩段采用水磨钻机具开挖成井的方法。水磨钻主要由水磨钻机、水磨钻筒和专用水泵组成。

3.20
竖井地下水排降 shaft groundwater row down

在地下水位之下人工开挖竖井时,采用适宜的措施对地下水进行排降。

4 基本规定

4.1 施工单位应具备地质灾害治理工程施工相应资质等级,施工现场应配备具有相应资格的专业施工技术人员。

4.2 施工应按照设计文件执行,施工质量应满足设计要求。工程变更应按照变更程序执行。

4.3 施工现场应有相应的质量管理体系和施工安全保障体系。

4.4 施工组织设计、施工技术方案和安全保证措施应经施工单位技术负责人审核,报监理单位审批、建设单位同意后实施。

4.5 定期检查施工现场设备,确保完好,设备性能应满足施工需求。

4.6 砂浆或混凝土应在施工前做好配合比试验,在实际施工过程中严格按照试验成果进行砂浆、混凝土搅拌,并按国家现行有关标准和设计要求进行取样、养护和送检。

4.7 每道工序应按工艺流程施工,前一道工序施工完毕后应进行自检,并经建设、监理单位检验合格,监理签字后方可进入下一道工序的施工。

4.8 施工方应先行对隐蔽工程进行自检,并做好各种施工和检验记录,经建设、监理单位检查合格并在检查记录上签字后方可进行隐蔽施工。

4.9 定时、定期对地质灾害体进行巡视监测,出现变形异常应立即报告,并迅速组织人员及设备撤离。

T/CAGHP 057—2019

4.10 各项质量保证资料齐全、完备,工程质量检验评定应符合设计及技术规程要求。

5 施工准备

5.1 技术准备

5.1.1 应熟悉设计文件,参加监理、建设单位组织的设计技术交底,认清地质灾害体特性,理解设计意图。

5.1.2 根据工期及施工工艺等要求,结合现场水文、地质条件编制排水工程施工组织设计、施工技术方案。

5.1.3 施工组织设计应符合设计文件、施工现场实际、"质量、进度、投资"三控制等的要求,应有全面的施工安全措施。

5.1.4 应根据审批后的施工组织设计,向施工人员进行施工交底。

5.1.5 应根据建设单位提供的控制测量成果和设计文件进行现场放样并复核测量资料,复核后的所有测量成果、标识应妥善保管与保护。

5.2 设备准备

5.2.1 测量仪器应检验合格,标定的精度应满足要求。

5.2.2 现场使用的搅拌机、挖掘机、钻机、凿岩机、空压机等设备应根据施工需要配备齐全。

5.2.3 施工设备应检修和保养,进场报验后做好安装、调试等准备工作,保证设备能正常运行。

5.3 材料准备

5.3.1 材料进场前应做好储存和堆放的准备工作,材料堆放不得对地质灾害体形成加载。

5.3.2 材料按规定批次、批量进行进场检验,不合格材料不得进场。

5.3.3 施工使用的材料应根据需要配备齐全。

5.4 场地准备

5.4.1 应按施工组织设计中现场平面布置图的要求,进行施工现场布置和临时设施建设(包括机械设备操作场地、堆料场、临时用房、新修临时道路等),并应避开地质灾害威胁地段。

5.4.2 完成施工现场"三通一平"(水、电、路通,场地平),并要求在设备起落范围内不得有障碍物。

5.4.3 做好施工场地排水及防洪等措施,施工中应做到不积水、不冲刷。

5.4.4 根据安全保证措施做好现场安全警示、标识工作。

6 地表排水工程

6.1 一般规定

6.1.1 截(排)水沟、排水管的位置应根据控制点按设计坐标使用测量仪器施放,起止点应符合设计要求。

6.1.1.1 按照设计坐标放出沟(管)道总线,每20 m定出中桩、开挖边桩并固定,开挖后放出中线和两边顶线。

6.1.1.2 各沟(管)应按照测算的实际比降分段控制沟底、顶面高程,并详细记录,分段施工。

6.1.1.3 根据测量放出的边线及计算出的开挖深度,沟槽一般采用人工开挖,当需采用机械开挖时,沟底宜预留 30 cm 由人工清除,不能扰动沟底原状岩土层,不允许超挖,沟槽表面应平整。

6.1.2 土方沟槽应分段开挖并按设计要求放坡,满足沟壁稳定条件。填方基础分层夯实的密实度应符合设计要求。

6.1.3 沟槽、沉淀池等开挖清理完毕后应报请监理工程师检验,合格后方可进行后续砌筑施工。当基底地基承载力达不到设计要求时,应按照设计要求进行地基加固处理。

6.1.4 当沟槽中有地下水时应及时排除。

6.1.5 工程使用的水泥、沙、石料、砖、钢筋等原材料,涵管、U 型槽等预制构件应具备质量检验报告或合格证,其规格和质量等应满足设计要求,并应符合国家现行有关标准。

6.1.6 砂浆、混凝土应搅拌均匀,保持适宜稠度。砂浆、混凝土一般宜在 3 h~4 h 内使用完毕,气温超过 30 ℃或低于 0 ℃时,宜在 2 h~3 h 内使用完毕,已凝结的砂浆、混凝土不得使用。

6.1.7 沟(管)道应平顺,保证水流通畅,不得出现断裂、漏水。

6.1.8 沟(管)道设置有跌水、沉砂池、检查井的,应按设计尺寸施工。

6.2 截(排)水沟

6.2.1 施工工艺流程

6.2.1.1 浆砌石(砖)施工流程:测量放线→沟槽开挖→验槽→基础砌筑→沟壁砌筑→砌体抹面→养护。

6.2.1.2 现浇混凝土施工流程:测量放线→沟槽开挖→验槽→基础浇注→沟壁浇注→养护。

6.2.1.3 预制 U 型槽施工流程:测量放线→沟槽开挖→验槽→U 型槽构件运输→安装→养护。

6.2.2 浆砌石(砖)截(排)水沟要求

6.2.2.1 浆砌石采用坐浆法砌筑,严禁采用灌浆法进行施工。

6.2.2.2 砌体宜分段砌筑,分段位置尽量设在沉降缝或伸降缝处。

6.2.2.3 石料(砖)使用前应洗刷干净,不得使用不符合要求的石料(砖)和砂浆。

6.2.2.4 砌块间砂浆应饱满、黏结牢固,片石不能竖立使用,不得直接贴靠或脱空。

6.2.2.5 浆砌石(砖)宜以 2~3 层砌块组成一个工作层分层砌筑,每个工作层的水平缝应大致找平,各工作层应注意纵横缝相互错开,不得贯通。砌筑层面要平整,块石大面向下、安放稳实,块石间应以砂浆填满捣实,不留空隙。

6.2.2.6 砌筑工作中断后恢复砌筑时,已砌筑的砌层表面应加以清扫和湿润,未凝固的砌层上不得拖运或滚动重物、锤改片石等,避免震动。

6.2.2.7 排水沟通过地表裂缝时应采用混凝土搭接,或是做成钢筋混凝土槽,防止变形拉断排水沟,大量水体沿裂缝入渗。

6.2.2.8 浆砌截(排)水沟抹面层应平顺、光滑,不得有裂缝、空鼓现象,抹面厚度应满足设计要求。

6.2.2.9 须勾缝的砌石面,在砂浆凝固前将外露缝勾好,勾缝深度不小于 20 mm。若不能及时勾缝,则将砌缝砂浆刮深 20 mm 为以后勾缝作准备,清净湿润后填浆勾阴缝。

6.2.3 现浇混凝土截(排)水沟要求

6.2.3.1 模板安装应平顺、牢固,不得晃动或混凝土浇筑时出现变形、松动现象。混凝土初凝后方能拆除模板。

6.2.3.2
混凝土应分段浇筑,分段位置宜设在沉降缝或伸降缝位置,每段应一次浇筑完成,并振捣密实,不得有蜂窝麻面。

6.2.4 预制U型槽截(排)水沟安装要求

6.2.4.1 在运输过程中应采用人工装卸U型槽构件。

6.2.4.2 按设计要求在沟底浇筑碎石混凝土垫层,在混凝土初凝前按照设计高程、间隔精确测放U型槽预制件,并在一侧通过挂线控制沟线顺直。

6.2.4.3 铺砌后的沟道断面经验收合格后清理干净,对铺砌U型槽采用砂浆勾缝,砂浆应填满捣实、压平、抹光,砂浆的密实度和平整度应满足设计要求。

6.2.5 沉降缝施工要求

6.2.5.1 沉降缝位置、宽度均应按设计要求设置,基础沉降缝应与墙身沉降缝对齐。

6.2.5.2 在地基软硬结合部位应增设沉降缝,每个工作日结束后,须按工作缝处理,或设置为沉降缝。

6.2.5.3 沉降缝防渗处理所用材料应符合设计要求,并填充饱满。

6.2.6 沟侧回填

6.2.6.1 沟槽回填应在隐蔽工程验收合格后进行,回填材料应满足设计要求。

6.2.6.2 截(排)水沟沟体两侧应对称回填土,并人工夯实,沟道进水侧回填高度应不低于墙面。

6.2.7 养护要求

6.2.7.1 截(排)水沟每施工完一段,待砂浆或混凝土初凝后,及时进行洒水养护,保持表面处于湿润状态,养护时间不得少于7 d。

6.2.7.2 混凝土应及时用草袋、麻袋等覆盖。

6.2.7.3 养护期间避免外力碰撞、振动或承重。

6.2.8 质量检验

截(排)水沟质量控制指标:
a) 水平位置偏差<10 cm;
b) 长度偏差<50 cm;
c) 断面尺寸偏差<3 cm;
d) 沟底纵坡度偏差<1%;
e) 墙体厚度≥设计值;
f) 砂浆饱满度,水平缝≥80%,竖缝≥60%;
g) 表面平整度偏差<2 cm。

6.3 排水管

6.3.1 施工工艺流程

测量放线→沟槽开挖→验槽→铺筑垫层→铺设管道→闭水试验→回填。

6.3.2 铺筑垫层

沟槽开挖至设计标高,应立即夯实沟槽底面,浇捣平基混凝土。

6.3.3 铺设管道

6.3.3.1 采用人机配合下管。下管前要认真检查管口、管身是否完整无损,将管内的杂物清理干净,吊管时在钢丝绳与管口或管身接触部位要垫木板或胶皮等柔性材料。

6.3.3.2 稳管时逐节测量高程,管内底高程偏差控制在允许范围内。管道轴线控制采用中心线法或边线法,安管偏差控制在允许范围内。

6.3.3.3 管道应稳固无倒坡,管材无裂缝破损(破损的管材应更换),管道内无杂物。

6.3.4 管道接口施工

6.3.4.1 管座混凝土浇筑完毕立即进行抹带,使带和管座结合成整体,抹带时先将管内外杂物清除干净,并注意抹带表面平整密实。

6.3.4.2 若遇不均匀土质及挖槽地段与砌石垫高地段交接处,应采用柔性接口,同时该处基础应采用变形缝分离。

6.3.4.3 施工后及时做好管座混凝土和接口抹带的养护工作。

6.3.5 闭水试验

6.3.5.1 闭水试验应在回填之前进行,并应在管道浸泡72 h后进行,每3段抽检一段。

6.3.5.2 抽检试验不合格者,全线闭水试验。通过闭水试验发现有渗漏问题的管段应进行返工修复。

6.3.6 沟槽回填

排水管基槽回填时应按基底排水方向由高至低分层进行,且两侧同时分层整平、夯实,多余的土石方应外运至指定地点。

6.3.7 质量检验

排水管质量控制指标:
a) 水平位置偏差<5 cm;
b) 长度偏差<30 cm;
c) 断面尺寸=设计值;
d) 管底纵坡度偏差<1%。

7 地下排水工程

7.1 一般规定

7.1.1 地下排水工程(排水竖井、排水隧洞、排水孔、排水盲沟)按设计坐标测量放线并做好标记,位置和几何尺寸应符合设计要求。

7.1.2 施工过程中应跟踪进行地质编录,包括地层岩性、岩土体物质成分、结构、地下水活动情况等。

7.1.3 开挖土石方应及时外运至指定的地点堆放。

7.1.4 排水竖井断面尺寸、护壁混凝土浇筑厚度、回填土厚度和质量等应符合设计要求，进水、出水应通畅。

7.1.5 排水隧洞衬砌砌体或浇筑混凝土厚度、洞底防渗处理和洞口稳定性应符合设计要求；砌缝内砂浆均匀、饱满，混凝土振捣密实；洞周衬砌与洞壁间应回填密实。

7.1.6 排水孔口径、深度、结构尺寸及倾斜度、安装材料等应符合设计要求；安装应稳固、无松动脱落现象。排水孔应无堵塞现象，水流通畅。

7.1.7 盲沟填料的级配、强度、埋置位置、深度、成型尺寸、坡度、反滤层和防渗处理应符合设计要求；盲沟用砂、石应洁净，不得有杂质；盲沟在转弯处和高低处应设置检查井，出水口处应设置滤水箅子，进水、出水应通畅。

7.1.8 应设置专用的钢筋制作场地，集中加工制作钢筋，地面应硬化处理。

7.1.9 排水竖井、隧洞开挖过程中应经常检查井（洞）内有毒有害气体和缺氧情况；如有毒有害气体超标或氧气不足，均应采取向作业面送风措施；井（洞）内爆破后应先通风，待炮烟粉尘全部排除后方可作业。

7.2 排水竖井

7.2.1 施工工艺流程

测量放线→钻先导孔→竖井开挖→竖井地下水排降→竖井支护→填砾→竖井封闭→井周回填。

7.2.2 测量放线

排水竖井按设计坐标测量放线并做好标记，位置和几何尺寸应符合设计要求。

7.2.3 竖井开挖

7.2.3.1 井口施工平台尺寸应按所选择的施工方法进行布置后确定，雨季施工时应搭设雨棚。

7.2.3.2 在开挖前应先根据测量定位的开挖边线完成井口的地面明挖，锁固好井口，设置防护栏杆，防止提升桶及开挖土石落入井内，雨季施工时应搭设雨棚。

7.2.3.3 井口圈梁（锁口梁）宜高出地面200 mm，厚度不宜小于400 mm，混凝土强度不低于C20。

7.2.3.4 井口圈梁应包括以下施工工序：测量定位、井口开挖、钢筋绑扎、支模、位置复核、浇筑混凝土、混凝土养护、拆模。

7.2.3.5 排水竖井应分层开挖，每层应≤1 m，详细进行地质编录。

7.2.3.6 竖井的开挖宜全断面自上而下开挖，开挖方法应根据地下工程的围岩分类、地质构造、岩体结构特征、断面形状和尺寸等因素决定，并应满足以下规定：

a) 在围岩稳定情况下，开挖与衬砌宜采用顺序作业方式。
b) 松散土层中开挖排水竖井时，应开挖一段支护或衬砌一段，支护宜采用混凝土或钢筋混凝土结构，下段开挖应在上段护壁混凝土浇筑完12 h后进行。
c) 在软土及易变形土层中进行开挖时，应减少分层开挖厚度，增加护壁厚度及配筋，或对井周土层超前加固等，以确保井壁稳定。
d) 岩层开挖应根据节理裂隙发育程度、岩石强度、灾害体稳定状况及周边环境等采用人工、爆破及水磨钻等开挖方法。

7.2.3.7 井内施工时井口应有专人值守,非施工人员不得靠近,不得向井内抛丢物件。暂停施工的井口应覆盖保护。

7.2.3.8 井内应设置上下安全爬梯,爬梯应安装牢固、吊挂稳定,上下人员应挂安全绳,严禁施工人员使用卷扬机、提升桶、人工拉绳子或脚踩护壁凸缘在井内上下。

7.2.3.9 提升机架应安全可靠并配自动卡紧保险,提升机架能力应与提升桶的最大提升重量匹配,提升过程中不得碰挂护壁。

7.2.3.10 开挖土石应及时运出,提升桶提升时应位于竖井中心,提升桶不得满装,缓慢提升至地表,并应及时外运至指定的堆放地点,井口堆放时应与井口保持一段距离,不得对井壁稳定造成影响。

7.2.3.11 井下照明电压应采用220 V或127 V、宜采用橡套电缆或塑料电缆和带防水灯头的普通型灯具,电缆悬挂点的间距不得大于6 m。

7.2.4 竖井地下水排降

7.2.4.1 应根据开挖岩土层的水文地质条件确定地下水的排降方案。应有防水、排水措施,遇涌水地段,要有足够的抽水设备将水抽干。

7.2.4.2 在排水竖井开挖过程中,应做好地下水出水点及渗流量记录,观测地下水位及检测底部土样含水率,以便及时掌握地下水位及土层情况,更好地指导下一步施工。

7.2.4.3 开挖过程中水量较少时可采用提桶排水,将渗水与开挖土石提升至井外。

7.2.4.4 开挖过程中渗水量较大时应在井内开挖集水坑,用泵将水抽排至井外。

7.2.5 竖井支护

7.2.5.1 排水竖井混凝土衬砌宜全断面分段进行,分段应在分析围岩特性、结构型式及浇筑方式等因素后确定,结构外形变化处宜作为衬砌分段界线,每段内混凝土应对称均匀上升。当排水竖井围岩稳定条件较差时,衬砌段长度应与开挖段长度一致,使两者能交替进行。

7.2.5.2 钢筋加工时可根据排水竖井浇筑高度分段加工。钢筋安装前测量放线出排水竖井中心位置、高程,按照钢筋间距、尺寸等要求绑扎牢固。

7.2.5.3 模板安装,在排水竖井内模和外模边沿用冲击钻钻孔,并插入 φ25 mm 钢筋,插入深度10 cm,并外露10 cm,测量放线位置配合人工安装、加固,排水竖井内模和外模上部采用拉杆对拉方式进行加固,模板底部与钢筋之间用木楔子加固。

7.2.5.4 混凝土浇筑,衬砌混凝土浇筑施工应满足《混凝土结构工程施工规范》(GB 50666)有关要求。平仓、振捣设备应与浇筑机械和仓位条件相适应,仓内混凝土浇筑应保持连续性。混凝土振捣深度50 mm～100 mm,每一点的振捣持续时间,应使混凝土表面不出现沉降和呈现浮浆,插入式振捣棒的移动距离约50 cm,与侧模应保持50 mm～100 mm距离,并尽量避免与钢筋模板相碰。混凝土浇筑振捣时,应采取措施防止胀模和移位等情况发生。护壁模板宜在混凝土浇筑24 h后方可拆除。

7.2.5.5 护壁应根据设计和地下水渗流情况预设泄水孔;土层渗水过大时应用速凝剂,浇筑混凝土每层厚度不宜大于30 cm。

7.2.5.6 采用钢支撑作为支护时,钢支撑应在设计衬砌断面之外,特殊情况下经论证后可允许钢支撑侵占部分永久衬砌断面。

7.2.6 填砾

7.2.6.1 滤料强度、级配应符合设计要求。

7.2.6.2 填砾前应确认渗滤层位置。

7.2.6.3 渗滤层施工应自井口向护壁内空间投放滤料，边投放边振动，让砂砾下到底并密实。

7.2.7 井口封闭

竖井盖板预制应符合设计要求，宜优先在排水竖井附近预制，达到设计强度后方可吊装就位。

7.2.8 井周回填

滤料顶部至井口段及井口周围回填，可利用附近料场土源和就近开挖土，含水率控制在允许范围之内，振动碾压达到设计压实度要求。

7.2.9 质量检验

竖井质量控制指标：

a) 井位偏差＜10 cm；
b) 井深偏差＜10 cm；
c) 井壁垂直度＜0.5%；
d) 断面尺寸＝设计值；
e) 过滤料充填量不小于设计量。

7.3 排水隧洞(廊道)

7.3.1 施工工艺流程

测量放线(洞外控制测量)→隧洞开挖(洞内控制测量)→地下水排降→隧洞衬砌(浆砌石、混凝土或钢筋混凝土)。

7.3.2 排水隧洞测量

7.3.2.1 施工前应进行洞外控制测量，施工中应进行洞内控制测量，测量精度应符合现行相关标准的规定。

7.3.2.2 根据设计排水隧洞的平面位置、线路长短及隧洞的结构形式，确定利用原测量网点加密或重新布设控制桩，控制网点按永久性标准设置，作为测量放线依据的网点，测量精度应符合要求。

7.3.2.3 洞外控制测量采用三角测量，每个洞口设置3个平面控制点，设于能相互通视、稳固不动、不被干扰、便于引测进洞。

7.3.2.4 洞内控制测量采用施工导线和基本导线，施工导线宜50 m左右选埋一点并注意校核；洞内控制测量应注意隧洞轴线、隧洞底高程、坡度的正确性，误差应满足设计要求。

7.3.2.5 高程控制测量采用水准测量，每个洞口布设两个高精度水准点，设于坚固、通视好、施测方便、便于保存且高程适宜处。两点高差以安置一次水准仪即可联测为宜。

7.3.3 隧洞(廊道)开挖

7.3.3.1 排水隧洞开挖的断面尺寸、高程应符合设计要求，隧洞开挖过程中应详细记录地下水渗流情况。

7.3.3.2 洞口边、仰坡和明洞开挖与支护应自上而下分层进行，清除洞口与上方有可能滑塌的表土、灌木及山坡危石等，开挖时应随时检查边坡和仰坡，如有滑动、开裂等现象，采取人工修坡，适当放缓坡度并保证边坡平顺度。洞外排水要先行，避免地表水冲刷坡面。

7.3.3.3 洞口不得掏底开挖或上下重叠开挖，洞口防止超挖，减少对洞口相邻地段的扰动；开挖边坡要及时按设计要求进行防护，防止围岩因裸露而加剧风化。

7.3.3.4 明洞衬砌前应请勘查部门进行验槽，确定是否满足设计要求，否则要进行地基的加固处理。明洞衬砌混凝土达到强度要求后方可进行洞身开挖。

7.3.3.5 隧洞开挖方法应根据地质条件、围岩分级、断面型式等选定。隧洞洞身开挖过程中进行超前地质预报，提前预报易变形土层、软弱夹层、破碎带及富水空洞等。开挖应与支护、衬砌施工相协调。

7.3.3.6 当岩层比较完整、地质条件较好时，开挖、衬砌和灌浆3个施工过程可分段依次进行。

7.3.3.7 当岩层破碎、地质条件不良时，应边开挖边衬砌。

7.3.3.8 当岩层不稳定地时，在开挖爆破之后、永久衬砌之前，应采用钢支撑或喷混凝土锚杆支护（新奥法）等临时支护措施。

7.3.3.9 在特别软弱（滑带）或大量涌水的岩层中开挖时，应提前探明前方地质情况，并拟定处置方案，采用超前注浆加固方法先将岩层预先加固，然后再进行开挖。

  a) 有富水空洞、溶洞时，应在距富水空洞、溶洞位置15 m～30 m处进行水平钻孔，提前释放空洞、溶洞腔内聚集水，水平钻孔孔数由现场确定。

  b) 有软弱夹层（滑带）时，若围岩不稳定，应报设计制定加固方案，进行加强初期支护及喷射混凝土封闭；喷射混凝土分段、分片进行，采用喷射技术应符合《岩土锚杆与喷射混凝土支护工程技术规范》(GB 50086)的规定。

7.3.3.10 洞身土方应由人工进行逐层开挖，开挖面应保持均衡，自上而下逐段、逐层开挖，严禁掏底开挖或上下重叠开挖，开挖土方应及时运至隧洞外，采用边开挖边支撑的作业方式。

7.3.3.11 在软土及易变形土层中进行开挖时，应按设计采取专项施工措施，宜增加衬砌厚度及配筋，或对洞身周边土层超前加固，以确保洞壁稳定。

7.3.3.12 碎块石中开挖时，洞壁交接处的块石应人工凿除，不得在洞壁内形成空腔。人工开挖较困难时，可采用爆破法或机械破碎法，应避免因振动和飞石造成的破坏。

7.3.3.13 石方开挖可采用人工、爆破等开挖方法，应根据节理裂隙发育程度、岩石强度等选择开挖方法。

7.3.3.14 石方爆破开始前，应对周围建构筑物进行详细调查登记，包括房屋的结构现状和变形情况，并依据结构特征和国家标准给出各自的爆破振动安全允许值。

7.3.3.15 强度较低的软质岩及风化破碎岩石，可采用机械破碎和人工凿除的方式开挖，开挖后应及时支护。

7.3.3.16 强度较高的硬质岩可采用松动爆破方式开挖。爆破过程中应采取专项施工措施保护建构筑物安全，并监测建构筑物的变形。爆破一般采用微振动钻孔控制爆破，爆破深度控制在0.3 m～0.5 m之间。

7.3.3.17 爆破钻孔呈梅花形布置，采用小直径钻孔，钻孔直径 $\phi 42$ mm，爆破钻孔中使用 $\phi 38$ mm～40 mm的管装乳化炸药，不得使用产生大量有害气体的炸药。

7.3.3.18 爆破作业应按《爆破安全规程》(GB 6722)的规定执行。

7.3.3.19 岩层也可采用静态爆破,应制定静态爆破方案,爆破孔的间距、深度及装药量的参数选取应由试验确定。

7.3.3.20 隧洞施工应采取通风、洒水等防尘措施,施工人员应佩戴防尘口罩,做好个人防护,并定期测试粉尘和有害气体的浓度。

7.3.3.21 隧洞施工应实施管道通风。宜采用大功率风机、大直径风筒压入式通风,通风应能满足洞内各项作业所需最大风量,保证有足够的新鲜空气。

7.3.3.22 洞内照明电压应采用220 V或127 V、宜采用橡套电缆或塑料电缆和带防水灯头的普通型灯具;电缆悬挂点的间距不得大于3 m,电缆与水管、风管平行铺设时,电缆应在管道上方,且净距不得小于0.3 m。

7.3.3.23 开挖的土石应及时外运至指定的堆放地点,洞口堆放时应距洞口外一定距离,并不得影响施工安全。

7.3.3.24 出渣运输应根据隧洞长度、开挖方法、机具设备、运量大小等选用合理的组织模式。采用无轨运输时,其装渣设备应与运输能力相适应。

7.3.3.25 隧洞开挖完成后应对隧洞几何尺寸、顶底标高、中线等进行测量,做好施工记录,并对开挖面用混凝土或浆砌石封闭。

7.3.4 隧洞(廊道)内地下水排降

7.3.4.1 隧洞开挖前应做好洞顶、洞口、辅助坑道的地面排水系统,防止地表水的下渗和冲刷。

7.3.4.2 应根据开挖岩土层的水文地质条件,包括地下水位、径流条件和岩土层赋水及渗透特征等,确定地下水的降排方法。

7.3.4.3 隧洞地下水排降应结合开挖、衬砌进行,可预埋排水管、预留排水孔。

7.3.4.4 施工中应对洞内的出水部位、水量大小、涌水情况、变化规律、补给来源及水质成分等做好观测和记录,并不断改善排水措施。

7.3.4.5 对于地下水位较高,土层中有强渗透的砂卵石层,或岩层中节理裂隙发育、水文地质条件较复杂的不利场地,应制定地下水排降方案。

7.3.4.6 开挖过程中隧洞两侧应设置排水沟,将隧洞内的地下水引出至洞外。

7.3.5 隧洞(廊道)衬砌

7.3.5.1 钢筋制作与安装应符合以下要求:
  a) 竖筋宜采用直螺纹套筒连接,不得采用电渣压力焊连接。钢筋套筒连接、焊接或其他连接应按要求抽样送检,接头点应按规范要求错开,滑动面附近不应错开。
  b) 钢筋可采用机械或人工调直、弯曲,优先采用机械。经调直后的钢筋不得有局部弯曲、死弯、小波浪形,经弯曲后的钢筋弧度要均匀,不得有局部弯曲或呈波浪形,钢筋生锈时应除锈。
  c) 型钢可采用工字钢、槽钢及角钢等,型钢材质及尺寸应符合设计要求,并现场制作成型。
  d) 受力主筋、钢筋配置强度应根据受力特点按设计要求布置。
  e) 钢筋安装前测量放线出隧洞中心位置、高程,按照钢筋间距、尺寸等要求绑扎牢固,应按设计要求留出保护层位置。

7.3.5.2 隧洞(廊道)衬砌应符合以下要求:
  a) 衬砌前应检查、复核边墙基础的地质状态和地基承载力,严禁超挖回填虚土,满足设计要求后复核中轴线、边线位置和几何尺寸,并做好记录,办理隐蔽验收手续。

b) 隧洞边墙、拱圈衬砌宜采用混凝土、钢筋混凝土或浆砌石。衬砌分段长度应在分析围岩特性、浇筑能力、模板型式及建筑物结构特征等因素后确定。
c) 石方衬砌要求料石(或较平整块石)厚度不小于30 cm,砌石分层错缝。浆砌时坐浆挤紧,嵌填饱满密实,不得有空洞。
d) 混凝土浇筑前应检查模板支撑是否牢固,采用强制式搅拌机数量应满足混凝土浇筑进度要求,混凝土应连续浇筑。
e) 混凝土应分层振捣密实,也不应过振,振捣过程中应保护钢筋以及预埋件,不应造成其位移及损坏。
f) 混凝土浇筑过程中,应取样做混凝土试块。
g) 混凝土应及时用麻袋、草帘等加以覆盖并浇水养护,养护期不得少于7 d,冬季施工的混凝土不得受冻害。
h) 沉降缝、伸缩缝质量应符合设计要求。
i) 边墙、拱圈集水部分应设反滤层及泄水孔,孔距2 m,孔径不小于10 cm。

7.3.6 质量检验

隧洞质量控制指标：
a) 平面位置偏差±10 cm;
b) 长度偏差＜20 cm;
c) 衬砌厚度不小于设计值;
d) 内空断面尺寸＜5 cm;
e) 洞底纵坡度±0.5％;
f) 洞底高程±5 cm。

7.4 排水孔

7.4.1 施工工艺流程

测量放线→钻孔→孔内冲洗→排水管安装→渗滤层施工→孔口保护。

7.4.2 钻孔

7.4.2.1 钻机安装应稳固,并设置围护栏、施工标识警示牌等,钻进过程中经常检测钻机的水平度和垂直度,并及时进行调整和纠偏。

7.4.2.2 排水孔按施工图纸规定的位置、方向和深度钻进。

7.4.2.3 钻孔倾斜度每百米孔深内不得超过2°,随孔深增加可以递增计算。在钻进过程中换径后3 m～5 m出现孔斜征兆时,应及时测斜,发现问题及时纠正。排水孔一般与排水竖井及排水隧洞配合使用,共同组成地下排水系统,钻孔的孔斜应不偏离排水竖井及排水隧洞。

7.4.2.4 水平和仰斜排水钻孔在钻杆前部应安装十字形导向杆,严格控制钻进参数,发现钻孔上斜或下垂时,应及时采用串连不同直径的导向棒加以纠正。

7.4.2.5 每钻进50 m或终孔后均应校正孔深,最大误差不得大于设计孔深的1％。

7.4.2.6 钻孔采用回转钻进时,不得超管钻进。在松散地层钻进应采用跟管钻进到接近滑动带,提、下钻速度不宜过快,提钻中或提钻后应向孔内回灌冲洗液,防止塌孔。

7.4.2.7 滑带地段应限制回次进尺，不得超过 0.3 m。

7.4.2.8 提钻后或下钻前，均应测量地下水位。

7.4.2.9 孔口段应预留套管，在进行下一道工序前，在孔口加盖帽或采取其他措施加以保护，以避免堵塞。

7.4.2.10 排水孔钻孔完成后，进行孔内冲洗，将孔内粉尘和污物冲净，检查钻孔通畅情况，测量孔斜，安装好孔口管。

7.4.2.11 排水孔钻孔应按钻进回次逐次记录，并真实、及时。

7.4.3 排水管安装

7.4.3.1 根据地质编录确定渗滤层位置，分段配制花管和实管，填砾、止水与固井位置及深度应符合设计要求。

7.4.3.2 排水管（包括井壁管、过滤管、沉砂管）的材料、规格及管外垫筋、包网、缠丝均应满足设计要求。

7.4.3.3 排水管安装应稳固。

7.4.4 渗滤层施工

7.4.4.1 渗滤层砂砾料、投放厚度应满足设计要求。

7.4.4.2 渗滤层施工应自孔口向套管与花管之间的环形空间投放砂砾过滤层，边抽套管边投放、边振动套管，让砂砾下到底并密实。

7.4.5 孔口保护

地表排水孔孔口采用浆砌石、混凝土礅台进行保护，按 6.2.2、6.2.3 的相关要求施工，周围做防水层，并高于地面，孔口盖安装应牢固。

7.4.6 质量检验

竖井质量控制指标：
a) 孔位偏差<10 cm；
b) 孔深偏差<1%；
c) 倾斜度<2%；
d) 孔径不小于设计值；
e) 过滤料充填量不小于设计量。

7.5 排水盲沟

7.5.1 施工工艺流程

测量放线→沟槽开挖→验槽→盲管或渗滤层施工→封闭防渗层施工。

7.5.2 沟槽开挖

7.5.2.1 盲沟沟槽开挖方法宜采用以机械为主，辅以人工开挖配合修整，应按设计要求放坡，保证沟壁稳定，必要时进行临时支撑。

7.5.2.2 开挖过程中应注意沟轴线、断面尺寸、沟底高程、坡度的正确性,沟管交汇处及进出水口位置、方向、高程和坡度均应符合设计要求。

7.5.2.3 沟槽应采用间隔分段开挖,每段不宜大于10 m,沟槽挖好后,应对沟槽断面尺寸、沟底纵坡进行检测,并做好检查校对记录。

7.5.2.4 支撑盲沟开挖出的地基应进行验槽。如地基承载力达不到设计要求时,应根据设计文件进行地基处理加固。

7.5.2.5 支撑盲沟石方开挖可采用钻孔爆破法施工。

7.5.2.6 盲沟沟槽开挖易遇地下渗水,应在基底挖集水坑,采用水泵抽水,水泵的规格按渗水量确定。

7.5.3 盲管或渗滤层施工

7.5.3.1 盲沟的埋置深度应满足渗水材料的顶部(封闭层以下)高于原有地下水位的要求。当排除层间水时,盲沟底部应埋于最下面的不透水层上。在冰冻地区,盲沟埋深不得小于当地最小冻结深度。

7.5.3.2 排水层滤料应石质坚硬,宜采用人工铺设。

7.5.3.3 反滤层应用筛选过的中砂、粗砂、砾石等渗水性材料分层填筑,且砂、石粒径组成和层次应符合设计要求。

7.5.3.4 当采用土工织物作反滤层时,土工织物性能指标应符合设计要求,先在底部及两侧沟壁铺好就位,并预留顶部覆盖所需的土工织物,拉直平顺紧贴下垫层。所有纵向或横向的搭接缝应交替错开,搭接长度均不得小于300 mm。

7.5.3.5 盲沟纵坡不应小于1%;盲沟出水口底面标高,应高出沟外最高水位0.2 m。

7.5.3.6 支撑盲沟基础砌筑宜每隔1 m～3 m设一牙石凸榫。填料片石可采用100 mm～200 mm,沟壁砂砾石反滤层厚度不应低于150 mm。

7.5.3.7 支撑盲沟如采用排水石笼,应符合以下要求:
a) 网箱材料及石料等应符合设计要求。
b) 石笼绑扎应牢固,不得出现松动,网箱绑扎线应是与网线同材质的钢丝,每一道绑扎应是双股线并绞紧。
c) 构成网箱组或网箱的各种网片交接处绑扎道数:应在间隔网与网身的四处交角各绑扎1道,交接处每间隔25 cm绑扎1道,相邻框线应采用组合线联结。
d) 网箱组间连接绑扎应在相邻网箱组的上下四角各绑扎1道,相邻网箱组的上下框线或折线应每间隔25 cm绑扎1道。
e) 填充石料间应相互搭接,应同时均匀地向同层的各箱格内投料,严禁将单格网箱一次性投满。应控制每层投料厚度在30 cm以下,一般1 m高网箱宜分4层投料。
f) 顶面填充石料宜适当高出网箱,且应密实,空隙处宜以小碎石填塞。裸露的填充石料,表面应以人工或机械砌垒整平。
g) 网箱封盖应在顶部石料砌垒平整的基础上进行,先使用封盖夹固定每端相邻结点后,再加以绑扎,封盖与网箱边框相交线应每相隔25 cm绑扎1道。
h) 排水石笼背后回填反滤层、填土及其压实度应符合设计要求。

7.5.4 封闭防渗层施工

封闭防渗层施工应在盲沟顶部做封闭层,可用土工合成的防渗材料铺成,并在其上夯填厚度不小于0.5 m的黏土防水层。

7.5.5 质量检验

竖井质量控制指标：
a) 沟底纵坡度±1%；
b) 断面尺寸不小于设计值；
c) 渗、滤层厚度±2 cm。

8 监测工程

8.1 一般规定

8.1.1 监测工程各类设施位置应根据设计坐标使用测量仪器准确施放,并做好标记和记录。
8.1.2 监测工程断面尺寸应按设计施工。
8.1.3 监测仪器安装应稳固、无松动脱落现象。
8.1.4 监测工程完工后应安装保护装置,应设置标牌与警示标识。

8.2 地下水位观测孔

8.2.1 施工工艺流程

测量放线→钻孔→孔内冲洗→测管安装→渗滤层施工→孔口保护。

8.2.2 观测孔施工

8.2.2.1 观测孔施工按7.4.2~7.4.5的规定执行。
8.2.2.2 观测孔滑带以下应进行永久止水,止水材料应符合设计要求,封堵部位应与钻孔资料进行复核,封堵物应密实,并不得低于滑带。
8.2.2.3 应根据井孔结构与井管材料、含水层类型确定洗井方法。在同一井中,宜采用多种方法联合洗井。
8.2.2.4 砂砾层顶面宜投入黏土球至地面下2 m,再用水泥封至地面,与孔口台施工相衔接。
8.2.2.5 观测孔施工全孔应按要求取芯,进行地质编录,编制钻孔柱状图。
8.2.2.6 观测孔施工完毕后应量测首次地下水位并记录。

8.2.3 质量检验

8.2.3.1 观测孔质量检验按7.4.6的规定执行；
8.2.3.2 应有地质编录、地下水位记录,并编制钻孔柱状图。

8.3 倾斜仪监测孔

8.3.1 施工工艺流程

测量放线→钻孔→孔内冲洗→测斜管安装→测斜管固定→孔口保护。

8.3.2 钻孔

8.3.2.1 钻孔施工按 7.4.2 的规定执行。

8.3.2.2 采用适宜钻进工艺钻铅直孔,终孔孔径不小于 130 mm。

8.3.2.3 全孔应按要求取芯,进行地质编录,对软弱夹层的层位、深度、厚度等应进行详细描述,编制钻孔柱状图。

8.3.3 测斜管安装

8.3.3.1 测斜管规格应符合设计要求,测斜管内壁应平整圆滑,应有两对互相正交的导槽(凹槽),导槽不得有裂纹和结瘤。

8.3.3.2 测斜管安装前应检查测斜管是否平直,两端是否平整,按埋设长度在现场将测斜管逐根进行标记预接。

8.3.3.3 在安装测斜管时,对接处导槽必须对准,并套上管接头;使用铝合金测斜管时,在其周围对称地钻 4 个孔以便铆接,铆接测斜管接头应避开导槽。

8.3.3.4 测斜管底端加底盖并用热缩管密封,管接头与测斜管接缝处用热缩管进行防渗处理,以防止注浆液渗入管内。

8.3.3.5 钻孔内有地下水时,应在测斜管内注清水,避免测斜管被水浮起而无法下放。

8.3.3.6 测斜管宜采用钢丝绳向孔内吊装,钢丝绳应绑扎牢固,测斜管其中一组导槽与变形或滑移方向一致,测斜管埋设深度在稳定层以下不小于 5 m。

8.3.3.7 检查记录下放到孔底的每一测斜管接头的深度和测斜管导槽的方向,并用测量仪器校对准确,装配好的测斜管导槽扭转角应≤0.17°/m。

8.3.4 测斜管固定

8.3.4.1 测斜管固定前应使用模拟探头放入测斜管并沿导槽检查确认导槽畅通无阻后固定测斜管。

8.3.4.2 为防止浆液或其他杂物掉入测斜管内,注浆前应在测斜管上端加盖封口。

8.3.4.3 测斜管与钻孔之间空隙灌注水泥砂浆应采用底部返浆法(边注边拔),注浆压力不小于 1 MPa,注浆管拔出后应及时进行补浆。

8.3.5 孔口保护

倾斜仪监测孔孔口采用浆砌石、混凝土礅台进行保护,按 6.2.2、6.2.3 的相关要求执行施工,周围做防水层,并高于地面,孔口盖安装应牢固。

8.3.6 质量检验

8.3.6.1 观测孔质量检验按 7.4.6 的规定执行。

8.3.6.2 应有地质编录、地下水位记录并编制钻孔柱状图。

8.3.6.3 应有安装、埋设过程的详细记录。

8.4 排水流量观测堰

8.4.1 观测堰施工

8.4.1.1 观测堰施工按6.2.2、6.2.3的规定执行。

8.4.1.2 观测堰断面应严格按设计尺寸施工。

8.4.1.3 观测堰抹面应平整、光滑,抹面完成宜用薄膜覆盖,并定时浇水保养。

8.4.1.4 观测堰进出口应平顺,无障碍物,水流通畅。

8.4.2 质量检验

8.4.2.1 观测堰质量检验参照6.2.8的规定执行。

8.4.2.2 观测堰断面尺寸应与设计一致。

8.5 监测墩

8.5.1 监测墩施工

8.5.1.1 监测墩施工按6.1、6.2.3、7.2.4.1的相关要求执行。

8.5.1.2 监测墩基础应按设计要求开挖,监测基准墩埋深应进入稳定地基,形变监测墩埋深应满足自身稳定要求。

8.5.1.3 监测墩施工的钢筋混凝土应符合《混凝土结构工程施工质量验收规范》(GB 50204)要求。

8.5.1.4 对中的归心盘规格应符合设计要求,安装应盘面水平,孔垂直,并记录归心孔的深度、孔径。

8.5.2 质量检验

8.5.2.1 监测墩质量检验参照6.2.8的规定执行。

8.5.2.2 监测墩尺寸应与设计一致,对中盘面倾斜≤2 mm(断面为250 mm的对中盘面)。

8.6 排水工程设施变形与应力监测

8.6.1 仪器安装

8.6.1.1 裂缝计、位移计、应力计等在埋设前应分别进行检验,检验合格的仪器方可埋设。

8.6.1.2 监测所用的裂缝计、位移计、应力计等均应按设计位置安装稳固,并符合设计要求。

8.6.1.3 监测仪器安装处两侧岩体应相对完整,避开风化严重的或破碎的岩层和孤石。

8.6.1.4 监测仪器埋设安装后,应及时记录初始读数,并按时进行观测,直至验收移交时为止,以保证观测成果的连续性。

8.6.1.5 监测仪器周边应设围栏或加盖进行保护。

8.6.2 质量检验

8.6.2.1 监测仪器型号应符合设计要求。

8.6.2.2 监测仪器安装应稳固,平面位置偏差小于2 cm。

8.6.2.3 监测仪器应有保护设施。

9 排水工程维护

9.1 一般规定

9.1.1 工程竣工后,应及时向工程运行管理维护单位办理移交手续。

9.1.2 工程区内宜设置工程保护警示牌,明确保护范围及责任单位。

9.1.3 排水工程应定期巡查及维护,并建立长效机制。

9.2 维护要求

9.2.1 地下排水系统应有明显标识并永久保留。盲沟、盲洞应设置标示轴线位置及深度的标识。排水竖井、排水钻孔应设置标示位置、深度及角度的标识。

9.2.2 地下排水系统出露地表的进水口、出水口应设置保护设施,不得开挖破坏,堵塞进、出水口。

9.2.3 不得随意在排水工程上搭设建构筑物,不得随意更改原设计排水工程的形式、尺寸及位置。

9.2.4 不得在已完工的排水工程区域进行材料堆放、钢筋加工、夯锤撞击等作业。

9.2.5 排水工程不得人为损坏,不得在排水工程周边加载、开挖。

9.2.6 加强排水设施的变形监测和巡查,发现沟壁出现裂缝、排水孔堵塞应分析产生的原因,及时采取措施。

9.2.7 如排水工程损坏或失效,应分析原因,由原设计单位提出处理方案,经论证后实施。

9.2.8 地下排水工程及有盖层的地表排水工程应对检查井或检查孔进行定期检查和清理。

9.2.9 测量基准点应予以保留并做出标记。

9.2.10 监测设施应长期保护,如监测墩、监测桩、监测孔、水压力监测仪器的引出线缆等。

9.2.11 排水系统的排水通道应定期巡查,如遇堵塞,应尽快疏通,保证排水通畅。

10 施工安全与环境保护

10.1 一般规定

10.1.1 施工单位应在工程实施前按合同文件规定建立完善的安全保证体系和安全生产制度,设立专职施工安全管理人员对施工过程进行安全检查、指导和管理。

10.1.2 施工单位应按国家或国家有关部门关于施工安全的有关法令、法规和承建合同文件规定,编制施工作业安全防护手册,并组织学习、培训。

10.1.3 施工单位应在工程实施前编制施工环境管理和保护措施、文明施工方案及保证措施,做好施工区界限之外建构筑物等保护工作。

10.2.4 施工总平面布置应结合地质灾害体现场情况,做到科学合理、节约用地,并应符合安全规定及文明施工的要求。

10.1.5 工程施工过程中,应对施工安全措施的执行情况进行经常性的检查。与此同时,还应派遣人员(包括施工安全监理人员)加强对高空、地下、高压及其他安全事故多发施工区域、作业环境和施工环节的施工安全进行检查和监督。

10.1.6 发生安全事故应及时组织伤员救治,并严格按照国家有关法律法规进行安全事故的报告、调查和处理。

10.1.7 施工中注重对周边生态环境保护,包括土地、植被、野生动物等。

10.2 文明施工

10.2.1 施工人员及管理人员均应佩戴胸卡上岗,非施工人员与车辆不得擅自进入施工现场。

10.2.2 施工现场设置的办公室、材料房、宿舍、厨房、厕所等都应挂牌,并张贴管理规定。

10.2.3 临时道路、临时场地宜硬化,并保证路面和地面平整、干净。

10.2.4 施工现场及道路设专人维护、清扫、洒水除尘,车辆运输应采取措施尽量减少抛洒物,散体材料运输储存采取遮盖、密封等措施,防止和减少扬尘。

10.2.5 主动协调好周边关系,避免因施工造成不便而产生的各种纠纷。

10.2.6 施工时发现文物、化石等,应立即停止施工,采取合理措施保护现场,同时将情况报告给业主和文物管理部门。

10.3 应急施工

10.3.1 施工单位应在工程实施前根据地质灾害体变形特征及工程特点等制定应急施工预案,应急施工方案应按设计要求制定合理。一旦出现突发情况,及时启动应急预案。

10.3.2 现场应设置警戒线和警示牌,严禁无关人员与车辆进入。

10.3.3 应急施工时应对周边区域变形加强监测,严密观察其动态,确保施工安全。

10.4 冬雨季施工

10.4.1 施工单位应在工程实施前编制冬雨季施工方案,不宜在冬雨季施工的项目,尽量避开冬雨季。

10.4.2 冬雨季施工应加强安全教育和检查,保证施工安全。

10.4.3 冬季施工要求:

10.4.3.1 施工机械加强保养,对加水、加油润滑部件勤检查,勤更换,防止冻裂设备。

10.4.3.2 施工现场应对人行道路、脚手架、跳板等作业场所采取防滑措施。

10.4.3.3 选择适宜的外加剂。

10.4.3.4 混凝土养护宜采用塑料薄膜加盖保温草帘养护,对于边角等薄弱部位或迎风面,应加盖毡帘被并做好搭接。

10.4.4 雨季施工要求:

10.4.4.1 施工现场应满足5.4.3的要求。

10.4.4.2 雨季施工的工作面不能过大,应根据情况逐段、逐片地施工;对易受洪水威胁的工程停止施工。

10.4.4.3 对现场机械设备应进行绝缘检测,采取防潮、防雨、防淹等措施,安装好接零保护装置。

10.4.4.4 施工后应覆盖塑料薄膜,以保证工程表面不受雨水影响。

10.4.4.5 钢筋和铁件堆放时应支垫好,避免受雨水浸泡,对已被雨水淋湿而生锈较严重的钢筋,使用时应除锈。

10.4.4.6 暴雨雷电天气时,施工人员不得停留在脚手架上。

10.4.4.7 基槽完成后应及时组织验槽、抓紧时间施工,防止被雨水浸泡。

10.5 施工安全

10.5.1 施工单位应设置安全职能部门,安全管理人员的配备应符合国家安全生产的相关规定。

10.5.2 在编制施工组织设计时,应针对工程施工的特点,认真进行危险源的识别与评价,并制定相应的安全管理措施和技术措施。

10.5.3 按所识别的危险源编制相应的应急预案,一旦出现突发性的危险情况,及时启动应急预案。

10.5.4 施工中采用新技术、新工艺、新设备、新材料时,应先进行可行性试验并制定相应的安全技术措施。

10.5.5 施工现场道路应平整密实、保持畅通,并加强道路交通管理。

10.5.6 危险地点应悬挂醒目的安全警示标识,并采取相应的安全防护措施。

10.5.7 施工人员上岗应戴安全帽,着装不符合安全规定的也不准进入施工现场。

10.5.8 井内施工安全要求:

10.5.8.1 井口应有专人值守,非施工人员不得靠近,不得向井内抛丢物件。井内作业人员应正确系挂安全绳,穿安全服、安全鞋。暂停施工的井口应覆盖保护。

10.5.8.2 井内应设置上下安全爬梯,爬梯应安装牢固、吊挂稳定,上下人员应挂安全绳,严禁施工人员使用卷扬机、提升桶、人工拉绳子或脚踩护壁凸缘在井内上下。

10.5.8.3 提升机架应安全可靠并配自动卡紧保险,提升机架能力应与提升桶的最大提升重量匹配,提升过程中不得碰挂护壁。

10.5.9 施工现场临时用电应按《施工现场临时用电安全技术规范(附条文说明)》(JGJ 46)的规定执行,并符合下列要求:

10.5.9.1 临时用电工程的安装、维修和拆除,均应由经过培训并取得上岗证的电工完成,不得无证上岗。

10.5.9.2 电缆线路采用"三相五线"接线方式,电气设备和电气线路应绝缘良好,电力线路的悬挂高度及线距应符合安全规定,并应架在专用电杆上。

10.5.9.3 室内配电盘、配电柜应有绝缘垫,并安装漏电保护装置;各类电气开关和设备的金属外壳均应接地或接零保护。

10.5.9.4 检修电气设备时应停电作业,电源箱或开关握柄应挂"有人操作,严禁合闸"的警示牌或设专人看管;应带电作业时应经有关部门批准。

10.5.9.5 现场架设的电力线路,不得使用裸导线,临时铺设的电线不得挂在钢筋模板和脚手架上,必须挂时应安设绝缘支承物。

10.5.10 特殊工种,如爆破工、电气焊工、工程机械操作手、车辆驾驶员等均应持证上岗。

10.5.11 爆破施工应按《爆破安全规程》(GB 6722)的规定执行,并符合下列要求:

10.5.11.1 应按批准的爆破设计方案施工。

10.5.11.2 提高安全意识,建立健全安全制度,制定钻爆作业细则,严格按制度执行。

10.5.11.3 爆破员应进驻工地,爆破员不在场时不得装药放炮。

10.5.11.4 爆区附近应设置警示牌、统一警戒与起爆信号,起爆前 10 min 开始认真组织警戒与清场,并发出声音与视觉信号,警戒人员应定人定责,在指定时间到达指定地点实施警戒,在确认安全万无一失的前提下,由工地指挥长发出起爆令,实施爆破。

10.5.11.5 加强爆破品管理,做好"三防"工作,工地不得存放爆破器材,做到用多少则由专用车运输多少。

10.5.11.6 建构筑物附近爆破时,应对建构筑物进行震动监测。

10.5.12 施工时发现爆炸物、电缆等应暂停施工,保护好现场,并及时报告有关部门,按规定处理后方可继续施工。

10.6 环境保护

10.6.1 工程施工前,应标牌公示治理工程概况和环境保护责任人。

10.6.2 按照绿色施工要求,做到节地、节能、节材。临时用地在满足施工需要的前提下应节约用地,施工中保护周边植被环境,不随意乱砍、滥伐林木。

10.6.3 禁止在施工现场焚烧和填埋各类有毒、有害废弃物。

10.6.4 爆破作业应安排在白天进行,尽量采用少药量、延时爆破的作业方式。

10.6.5 宜采用低噪声机械设备和工艺,严格控制强噪声作业时间,降低施工噪声对民众生活的干扰。

10.6.6 弃土场应办理临时征地手续,弃土按指定地点有序堆放,不得堆积在沟谷中和江河水域,必要时采取工程措施确保边坡稳定,避免弃碴流失污染环境和引发次生灾害。

10.6.7 生活区宜设垃圾池,垃圾集中堆放,并及时清运至指定垃圾场。生产生活废水排放应遵守当地环境保护部门的规定,宜经沉淀净化处理后排放。

10.6.8 施工过程中应保护施工段水域的水质,施工废水要达到有关排放标准,以避免污染附近的地表水体。

10.6.9 预防和治理因工程建设造成的水土流失,控制新增水土流失,使防治责任范围内达到《开发建设项目水土流失防治标准》(GB 50434)的要求。

10.6.10 制定空气污染控制措施,尽量选取低尘工艺,安装必要的喷水及除尘装置。

10.6.11 施工结束后应对施工垃圾集中清理,拆除临建设施,恢复原有的生态环境。

11 竣工验收

11.1 一般规定

11.1.1 治理工程竣工后,具备竣工验收条件时,由施工单位提出申请,对工程进行竣工验收。

11.1.2 治理工程的竣工验收分为初步验收和最终验收两个阶段进行,即在治理工程施工完成之后,先进行竣工初步验收,待试运行期结束,再进行竣工最终验收。

11.1.3 未经初步验收的项目不得交付使用。初步验收不合格的项目不得报请竣工最终验收。

11.1.4 工程验收应对工程竣工资料、工程数量和质量等进行全面检查,填写工程质量检验评定表,按照有关标准评定工程质量等级。

11.1.5 验收时若有整改意见时,施工单位应及时按照要求进行整改。验收合格后,由业主单位组织,施工单位向工程运行管理维护单位办理移交手续。

11.2 工程竣工验收资料

11.2.1 施工管理文件

施工进度计划、开工申请、开工令、停工令、复工申请、复工令、施工大事记、施工日志、施工阶段例会及其他会议记录、工程质量事故处理记录及有关文件、施工总结等。

11.2.2 施工技术文件

施工组织设计及报审表与审查意见、施工安全措施、施工环保措施、专项施工方案、技术交底记录、设计变更申请、设计变更洽商记录、设计变更通知与图纸。

11.2.3 施工物资文件

工程所用材料(包括水泥、钢材、钢材焊连接、砂、碎石、石材、预制构件等)的出厂合格证、进场复试报告、使用台账、不合格项处理记录、施焊人员上岗许可证等。

11.2.4 施工测量记录

工程定位测量及复核记录、地基验槽记录、测量放线记录、工程最终测量记录及测量成果图。

11.2.5 施工记录文件

各分部分项工程施工记录、隐蔽工程验收记录、预检工程记录、中间检查交接记录、地基处理记录、混凝土施工记录、养护记录、砂浆配合比记录、各类工程及开挖等的地质编录及地质素描图、重要地质问题技术会议记录等。

11.2.6 施工检测记录

原材料、成品和半成品、砂浆、混凝土试块等检测试验报告或合格证、土石密实度检测结果、管道通水试验记录等。

11.2.7 施工监测文件

建网报告及监测网平面布置图、观测记录、中间性监测(月、季、半年、年)报告、监测总结报告等。

11.2.8 施工验收记录

分部、分项、单位工程质量控制资料核查记录、工程安全和功能检验资料核查及主要功能抽查记录、工程观感质量检查记录、施工现场质量管理检查记录、工程检验质量检查记录、施工验收记录。

11.2.9 施工质量评定文件

各分项(工序)、分部、单位工程质量检验评定表等。

11.2.10 工程竣工验收文件

竣工图、竣工总结报告、竣工验收申请、竣工验收会议记录、工程竣工验收意见书、工程质量保修书等。

11.2.11 监理资料

11.2.12 其他应提供的有关资料

11.3 验收鉴定书

工程竣工验收由建设方组织,通过对施工单位承建的工程,包含分部工程质量评定、工程外观质量评定、工程质量检测情况等进行验收,给出单位工程质量等级评定意见、分部工程验收遗留问题处理情况、运行准备情况、存在的主要问题及处理意见,由各方代表签字,并出具验收鉴定书。

附 录 A
（规范性附录）
施工验收记录表

排水工程施工完毕后应按表 A.1～表 A.5 进行施工验收。

表 A.1 地表排水工程施工验收记录表

工程名称：　　　　　　　　　　　　　　　　施工单位：

施工序号：	沟段编号：	施工日期:自　年　月　日　至　年　月　日	
工程部位	坐标(X,Y)		标高/m	
	设计	实测	设计	实测

工程部位	几何尺寸/m		工程量
	设计	实测	

排水坡度/‰	设计：		实测：
工程示意图：		施工情况简介：	

验收结论：□同意验收　　□整改后再进行验收

勘查单位代表：	设计单位代表：	建设单位代表： 监理单位： 监理工程师：	施工单位： 工长： 记录人： 技术负责人：
年　月　日	年　月　日	年　月　日	年　月　日

T/CAGHP 057—2019

表 A.2 排水竖井施工验收记录表

工程名称： 　　　　　　　　　　　　　　　　　　　　　施工单位：

施工序号：		竖井编号：			施工日期:自　年　月　日　至　年　月　日				
竖井几何尺寸/m				坐标(X,Y)		标高/m			
口径		井深				井口		井底	
设计	实测	设计	实测	设计	实测	设计	实测	设计	实测
护壁混凝土强度/MPa			护壁钢筋规格/mm				护壁厚度/m		
填砾级配			填砾厚度/m				填砾深度/m		

工程量：

工程示意图：	施工情况简介：

验收结论：□同意验收　　　□整改后再进行验收

勘查单位代表：	设计单位代表：	建设单位代表：	施工单位：
		监理单位：	工长：
		监理工程师：	记录人：
			技术负责人：
年　月　日	年　月　日	年　月　日	年　月　日

表 A.3 排水隧洞(廊道)施工验收记录表

工程名称： 　　　　　　　　　　　　　　　　　　　　　　　　施工单位：

施工序号：		隧洞(廊道)编号：				施工日期：自　年　月　日　至　年　月　日			
隧洞(廊道)几何尺寸/m				坐标(X,Y)		标高/m			
断面		深度				洞口		洞底	
设计	实测	设计	实测	设计	实测	设计	实测	设计	实测

衬砌混凝土(浆砌石)强度/MPa	衬砌钢筋规格/mm	衬砌厚度/m

排水坡度/‰	设计：	实测：

工程量：

工程示意图：	施工情况简介： (地层岩性及地下水情况等)

验收结论：□同意验收　　　□整改后再进行验收

勘查单位代表：	设计单位代表：	建设单位代表： 监理单位： 监理工程师： 　年　月　日	施工单位： 工长： 记录人： 技术负责人： 　年　月　日
年　月　日	年　月　日		

T/CAGHP 057—2019

表 A.4 排水孔工程施工验收记录表

工程名称：　　　　　　　　　　　　　　　　　　　施工单位：

施工序号：		工程部位：		施工日期：自　年　月　日　至　年　月　日			
孔号	标高/m		长度/m		角度/(°)		直径/cm
	设计	实测	设计	实测	设计	实测	设计	实测

工程量：

工程示意图：	施工情况简介： （地层岩性及地下水情况等）

验收结论：□同意验收　　□整改后再进行验收

勘查单位代表：	设计单位代表：	建设单位代表：	施工单位：
		监理单位：	工长：
		监理工程师：	记录人：
			技术负责人：
年　月　日	年　月　日	年　月　日	年　月　日

表 A.5 排水盲沟工程施工验收记录表

工程名称：　　　　　　　　　　　　　　　　　　　　施工单位：

施工序号：	沟段编号：	施工日期:自　年　月　日　至　年　月　日		
工程部位	坐标(X,Y)		标高/m	
	设计	实测	设计	实测

工程部位	几何尺寸/m		工程量
	设计	实测	

排水坡度/‰	设计：	实测：

工程示意图：	施工情况简介：

验收结论：□同意验收　　　□整改后再进行验收

勘查单位代表：	设计单位代表：	建设单位代表：	施工单位：
		监理单位：	工长：
		监理工程师：	记录人：
			技术负责人：
年　月　日	年　月　日	年　月　日	年　月　日